1. COMO IMPEDIR LA LIBERACION INNECESARIA DE REFRIGERANTES A LA ATMOSFERA

Todas las personas que ejercen alguna actividad en la industria de la refrigeración tienen la obligación de proteger el medio ambiente de las emisiones de CFC. Hay que realizar todos los esfuerzos posibles para impedir que los CFC que actualmente contienen los sistemas de refrigeración se liberen a la atmósfera. A corto plazo sólo se puede lograr una disminución del consumo de CFC mediante la reducción de las fugas de refrigerante de los sistemas existentes. Las causas principales de pérdidas de refrigerante pueden clasificarse en 3 categorías:

- Fugas Propias
- Fugas accidentales
- Emisiones provocadas por procedimientos incorrectos al transferir el refrigerante, ya sea para vaciar, ya sea para recargar los sistemas.

Muchos de los métodos de prevención de pérdidas de refrigerantes a base de CFC deberían ya formar parte de la práctica corriente de los técnicos conscientes, otros métodos pueden demandar una modificación de los procedimientos comunes. Cuando se constate que un sistema tiene fugas debe procederse a su reparación antes de intentar su recarga. Si se ha perdido la totalidad de la carga del sistema debe utilizarse nitrógeno para su presurización, seguido de la consiguiente evacuación. Todo el sistema debe verificarse, marcándose los lugares en que hay pérdida para no olvidarse de ellos. Nunca hay que presumir que un sistema tiene sólo una fuga.

En la gráfica se puede ver el equipo principal necesario para efectuar un trabajo correcto de recuperación. El lado de la toma de entrada de la unidad de recuperación se conecta al lado de alta de presión de un múltiple de servicio con una manguera de carga de refrigerante de buena calidad. Si la unidad de recuperación tiene una derivación interna que va al compresor de la unidad de recuperación, la manguera del lado de alta del múltiple de servicio se conecta al recipiente del sistema de refrigeración para transferir el refrigerante líquido. Más adelante se describirán los diferentes métodos de recuperación.

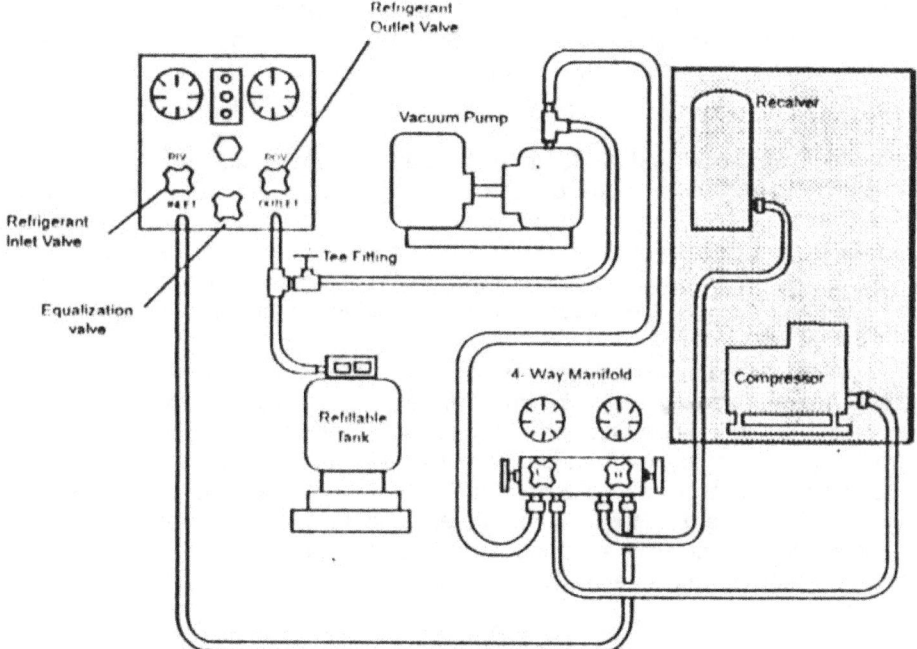

Fig 1. Instalación correcta del equipo de recuperación: Unidad de recuperación, tanque recargable, juego de manómetros, bomba de vacío y balanza.

En la figura anterior también se puede ver la bomba de vacío conectada al sistema. Esta conexión permite recuperar todo el refrigerante restante en la manguera después de haber terminado la operación de recuperación.

2. DEFINICIONES DE RECUPERACION, RECICLAJE Y REGENERACIÓN.

Estas definiciones corresponden a las establecidas en el proyecto de norma ISO 11650 para los sistemas de refrigeración y bombas de calor.

- **Refrigerante recuperado**: Refrigerante que ha sido retirado de un sistema de refrigeración con la finalidad de almacenarlo, reciclarlo, regenerarlo o transportarlo.

- **Recuperación**: Proceso para retirar un refrigerante en cualquier condición de un sistema de refrigeración y depositarlo en un recipiente externo sin necesariamente probarlo o someterlo a tratamiento alguno. (ISO 11650)

- **Reciclaje**: Proceso para reducir los contaminantes que se encuentran en el refrigerante usado, mediante la separación del aceite, la eliminación de las sustancias no condensables y la utilización de filtros secadores de núcleo que reducen la humedad, la acidez y las partículas.

- **Regeneración**: Es el tratamiento del refrigerante usado para que cumpla con las especificaciones del producto nuevo, mediante procedimientos que pueden incluir la destilación. Será necesario proceder a un análisis químico del refrigerante a fin de determinar si responde a las especificaciones apropiadas para el producto.

La regeneración consiste en un procedimiento de reciclaje bastante riguroso donde el refrigerante queda prácticamente nuevo, certificándose su pureza bajo la norma ARI 700, así se asegura que el refrigerante procesado cumple con todas las condiciones de limpieza, probadas a través de diferentes análisis de pureza. Una unidad de regeneración normalmente es utilizada en países de gran demanda y alto consumo de refrigerantes, donde se cuenta con una red de distribución, de manera que se garantice la disponibilidad de refrigerante para ser procesado. Tradicionalmente, son los comercializadores de estas sustancias quienes operan un centro de regeneración. Son los grandes volúmenes de refrigerantes manejados, la condición para que los centros de regeneración sean rentables, situación que no se presenta en Colombia.

Entre otros, los beneficios propios de la implementación de estas prácticas son: incluir esta práctica como cultura de responsabilidad con el ambiente; reducir y evitar la liberación de refrigerantes a la atmósfera; disminuir los gastos en el mantenimiento de los equipos; reducir el consumo de refrigerantes vírgenes; disponer de refrigerante para los casos de baja oferta en el mercado, permitiendo el funcionamiento de los equipos que lo requieran y mejorar la calidad en la prestación de servicios en el sector.

- **Residuo**. Según el decreto 4741 del 30 de diciembre de 2005 "Por el cual se reglamenta parcialmente la prevención y el manejo de los residuos o desechos peligrosos generados en el marco de la gestión integral", un residuo o desecho, es cualquier objeto, material, sustancia, elemento o producto que se encuentra en estado sólido o semisólido, o es un líquido o gas contenido en recipientes o depósitos, cuyo generador descarta, rechaza o entrega porque sus propiedades no permiten usarlo nuevamente en la actividad que lo generó o porque la legislación o la normatividad vigente así lo estipula.

- **Residuo peligroso**. El mismo decreto define residuo o desecho peligroso como aquel residuo que por sus características corrosivas, reactivas, explosivas, tóxicas, inflamables, infecciosas o radiactivas puede causar riesgo o daño para la salud humana y el ambiente. Así mismo, se considera residuo o desecho peligroso los remanentes, envases, empaques y embalajes que hayan estado en contacto con ellos. La legislación internacional es especialmente importante cuando se trata del transporte transfronterizo de residuos peligrosos. El **Convenio de Basilea** sobre el Control de los Movimientos Transfronterizos de los Desechos Peligrosos y su eliminación aprobado por Colombia mediante la ley 253 de 1995, es una clara demostración de la intención de los países por controlar el manejo de residuos peligrosos para proteger el medio ambiente.

- **Sustancia refrigerante residual**. Cuando un refrigerante es mezclado con otro de diferente composición o naturaleza durante el mantenimiento de sistemas de refrigeración y aire acondicionado, no existe método ni equipo que garantice procesar dicha mezcla o reciclarla hasta obtener una sustancia útil en refrigeración. En este caso se considera que la sustancia resultante es un refrigerante residual.

- **Manejo integral**. Es la adopción de todas las medidas necesarias en las actividades de prevención, reducción y separación en la fuente, acopio, almacenamiento, transporte, aprovechamiento y/o valorización, tratamiento y/o disposición final, importación y exportación de sustancias refrigerantes residuales, individualmente realizadas o combinadas de manera apropiada, para proteger la salud humana y el ambiente contra los efectos nocivos temporales y/o permanentes que puedan derivarse de estos residuos peligrosos.

El generador es responsable de los residuos o desechos peligrosos que él genere. La responsabilidad se extiende a sus afluentes, emisiones, productos y subproductos, por todos los efectos ocasionados a la salud y al ambiente. Las principales obligaciones del generador son:

- Garantizar que el envasado o empacado, embalado y etiquetado de sus refrigerantes residuales se realice conforme a la normatividad vigente.
- Mantener y suministrar a quien transporta los refrigerantes residuales las respectivas Hojas de Seguridad.
- Divulgar el riesgo que estos residuos representan para la salud y el ambiente, además, brindar el equipo para el manejo de estos y la protección personal necesaria para ello.

La normatividad colombiana prohíbe:

- Quemar refrigerantes residuales a cielo abierto.
- Ingresar refrigerantes residuales en rellenos sanitarios ya que no existen celdas de seguridad dentro de éste, autorizadas para la disposición final de este tipo de residuos.
- La disposición o enterramiento de refrigerantes residuales en sitios no autorizados para esta finalidad por la autoridad ambiental competente.
- El abandono de refrigerantes residuales en vías, suelos, humedales, parques, cuerpos de agua o en cualquier otro sitio.

La experiencia ha demostrado que es muy complicado lograr un manejo adecuado de este tipo de residuos peligrosos, inclusive en los países industrializados. Frente a las dificultades económicas y tecnológicas que experimentan los países en la destrucción y/o eliminación de estas sustancias, la mejor manera de contribuir es evitando su formación a través de la puesta en práctica de las NCL y, en general, de las buenas prácticas en el mantenimiento.

Es decir, una mezcla de aceite-refrigerante no es sustancia residual por el hecho de haber sido expuesta a la contaminación propia de la quema del motor eléctrico del compresor hermético o semihermético. Entonces, si se quema el compresor, su aceite y refrigerante se pueden reciclar para volver a utilizarse sin hacer vertimientos ni emisiones al ambiente.

La identificación de los refrigerantes usados exige los análisis químicos que se estipulan en las normas nacionales o internacionales para las especificaciones del producto nuevo. Este término incluye habitualmente la utilización de procesos o procedimientos disponibles únicamente en una instalación de reacondicionamiento o fabricación.

2. CONTAMINANTES DE LOS REFRIGERANTES

Los contaminantes son sustancias indeseadas presentes en los sistemas de refrigeración y aire acondicionado que, en determinadas cantidades, afectan su funcionamiento adecuado. Pueden estar en forma líquida, sólida y/o gaseosa, así:

- Sólidos: polvo, mugre, fundente, arena, lodo, óxidos de hierro y cobre, sales metálicas como cloruro de hierro y cobre, partículas metálicas como soldadura, rebabas, limaduras, entre otros.

- Líquidos: agua, resina, cera, solventes y ácidos.

- Gaseosos: aire, ácidos, gases no condensables y vapor de agua.

2.1.HUMEDAD.

Está siempre presente en los sistemas de refrigeración. Sus límites aceptables varían de un sistema a otro y de un refrigerante a otro. Este contaminante no es deseable en ninguno de sus estados porque, en combinación con otros factores, ocasiona la formación de otros contaminantes: ácidos orgánicos e inorgánicos, cloruro de cobre, entre otros. La humedad puede entrar fácilmente en el sistema, siendo la causa de la mayoría de los problemas en los sistemas de refrigeración. Entre ellos, se destacan los siguientes:

- Formación de hielo en el elemento de expansión (válvula de expansión termostática – VET-, tubo capilar, accurater, etc) obstruyendo el paso de refrigerante al evaporador con una consecuente disminución de los valores en la presión de evaporación, incluso hasta niveles de vacío.
- Oxidación y corrosión de partes metálicas.
- Descomposición química del refrigerante y del aceite.
- Cobrizado de partes metálicas.
- Daño químico al aislamiento del motor u otros materiales.
- Hidrólisis del refrigerante formando ácidos y más agua.
- Polimerización del aceite, descomponiéndolo en otros contaminantes.

Para evitar el exceso de humedad en el sistema, es recomendable realizar buenas prácticas en los mantenimientos y montajes de sistemas de refrigeración y aire acondicionado. En tal sentido, se debe realizar un excelente barrido, presurización, vacío y carga de refrigerante con los equipos y herramientas adecuadas a los requerimientos del sistema.

Así mismo, se debe cuidar la manipulación de los aceites (principalmente sintéticos por ser más higroscópicos) y las tuberías del sistema (no soltar en el piso y mucho menos sin tapar sus dos extremos), no hacer autovacío y en general alejar cualquier otra fuente de humedad posible según la ubicación del servicio.

Nadie lo sabe con certeza, el grado de humedad permisible en los sistemas de refrigeración, pero existen sistemas que la toleran más que otros. La humedad deberá mantenerse por debajo del nivel máximo permisible establecido por el fabricante, para que el sistema opere satisfactoriamente.

2.2. PARTÍCULAS SOLIDAS

Las partículas sólidas pueden ser originadas por el sistema o entrar en él desde fuera y presentarse en forma de limaduras, rebabas, gotas de soldadura, fundente, fragmentos de desgaste de piezas metálicas, fragmentos de sellos, virutas de hierro, arena de lija, productos de la degradación del aceite o productos de la degradación del equipo, entre otros, que frecuentemente terminan en el compresor. A temperaturas elevadas, las partículas reaccionan químicamente y facilitan la descomposición de la mezcla aceite-refrigerante. Aunque las partículas son eliminadas mediante filtrado, la presencia de ciertos tipos de estas, tales como fragmentos de sellos o productos sólidos de la corrosión, son indicativos de otro tipo de problemas en el sistema que requieren ser tratados. Las partículas en un sistema de refrigeración causan problemas como:

- Abollamiento o erosión de las superficies; ralladura de las paredes de los cilindros y los cojinetes.
- Obstrucción o taponamiento del elemento de expansión.
- Alojarse en el devanado del motocompresor, actuando como conductores y creando corto circuito, o actuando como abrasivos en el aislante del alambre.
- Depositarse en los asientos de las válvulas de succión o descarga, reduciendo significativamente la eficiencia del compresor.
- Taponamiento de los orificios de circulación de aceite en las partes móviles del compresor (cigüeñal, biela, pistón, scroll, tornillos, etc.), provocando fallas por falta de lubricación.
- Servir como catalizadores, acelerando la descomposición química del refrigerante y aceite.

2.3. ÁCIDOS

A pesar de la estabilidad de los refrigerantes, los ácidos se pueden originar cuando el refrigerante reacciona con el aceite o con el agua, a temperaturas elevadas. Todas estas reacciones resultan en la formación de compuestos corrosivos que deterioran las partes metálicas del sistema de refrigeración. El ritmo de corrosión de cada material está determinado por sus características, por ejemplo, el acero se corroerá a niveles de humedad inferiores a los del cobre o bronce. Una fuente de acidez en los sistemas es el ácido orgánico formado por la descomposición del aceite. Por otra parte, los ácidos inorgánicos como el clorhídrico, son más corrosivos y atacan principalmente las partes metálicas de acero, aunque también tienen un efecto corrosivo sobre el barniz, aislante del alambre del embobinado del motocompresor, disolviéndolo y creando la posibilidad de un corto circuito.

2.4. GASES NO CONDENSABLES

Se llaman así a todo tipo de sustancias diferentes al refrigerante que, estando en el interior del sistema, nunca alcanzan una fase líquida. Se identifica su presencia si la presión de condensación es mayor a la presión de saturación a la temperatura determinada por las condiciones ambientales locales. Este contaminante disminuye la capacidad de enfriamiento o eficiencia térmica del sistema de refrigeración y, en casos severos, puede disminuir la vida útil del compresor. Su afectación depende del diseño del sistema, del tipo de refrigerante, del tipo particular y cantidad de gas no condensable presente. Los químicamente reactivos, tales como el ácido clorhídrico, atacarán otros componentes en el sistema y en casos extremos producirán fallas. Los que son químicamente inertes como el aire, el hidrógeno, el oxígeno, el bióxido de carbono, el nitrógeno contribuyen a incrementar la presión de condensación y, por lo tanto, la temperatura de descarga del compresor, acelerando las indeseables reacciones químicas con las consecuencias ya descritas. Los gases no condensables provienen de diferentes fuentes, internas o externas al sistema, entre las cuales están: fugas en el lado de baja; evacuación incompleta del sistema; algunos materiales los liberan cuando se descomponen a alta temperatura o se desgastan durante la operación; reacciones químicas durante la operación del sistema. En un equipo bien diseñado y con adecuado mantenimiento, sólo se encuentran trazas –cantidades mínimas- de estos gases.

2.5. OTROS

En esta categoría cabe destacar los lodos y barnices, consecuencia directa de la presencia de humedad en el sistema. Los ácidos formados y el agua se emulsionan con el aceite formando lodos, una mezcla de glóbulos muy finos que reducen enormemente su capacidad de lubricación. El lodo o los sedimentos pueden tomar la forma de líquidos fangosos, polvos finos, sólidos granulosos o pegajosos capaces de tapar los filtros y el elemento de expansión y corroer superficies metálicas a las que se adhieren, acelerando su deterioro. El barniz es un subproducto de la descomposición del aceite tipo alquilbenceno, su presencia puede obstruir orificios pequeños y acumularse en las válvulas de compresores causando eventuales fallas.

3. IDENTIFICACIÓN DE LOS REFRIGERANTES COMUNES

Saber cual es el refrigerante que contiene un sistema siempre ha sido necesario para poder utilizar el refrigerante correcto al proceder a un trabajo en dicho sistema, pero esto es ahora de máxima importancia al retirar los refrigerantes de un sistema. Para reacondicionar los refrigerantes, los fabricantes sólo aceptarán aquellos que no han sido mezclados. Todo refrigerante que contenga mezcla tiene que ser destruido (los fabricantes no pueden reprocesar el R-502 por ser una mezcla pero pueden purificarlo utilizando un equipo de regeneración para su reutilización). Los refrigerantes se pueden identificar de la manera siguiente:

- El nombre del refrigerante está estampado sobre la placa de datos de la unidad.

- Hay una válvula de expansión termostática específica para cada refrigerante.

- Mediante la presión y temperatura con que está funcionando el sistema.

- El compresor trae el nombre del refrigerante para el cual fue diseñado.

Cuando no se dispone de la anterior información, se dispone de varios métodos para identificar refrigerantes, entre los cuales se tienen:

3.1. PRUEBA TEMPERATURA/PRESION.

Este procedimiento consiste en medir la temperatura y presión del refrigerante almacenado en su recipiente. Compare dichos valores con las tablas de Mollier de esta forma puede identificar el tipo de refrigerante contenido en el recipiente.

La deficiencia de éste método radica en que si el recipiente contiene gases no condensables u otros agentes contaminantes, los valores de la relación temperatura/presión se afectan.

3.2. ANALIZADORES DE REFRIGERANTES.

Son unidades portátiles de tamaño pequeño que permiten la identificación de varios tipos de refrigerantes. Los modelos más recientes identifican refrigerantes de tipo CFC, HCFC, HFC y HC.

Estos analizadores toman una muestra del refrigerante en estado gaseoso para realizar el testeo y obtener su resultado deseado.

4. COMO VERIFICAR SI EL REFRIGERANTE ESTÁ CONTAMINADO

Actualmente se puede disponer de pequeños equipos de verificación que permiten probar el refrigerante para determinar si está contaminado con agua, así como su acidez. En algunos sistemas se puede verificar el grado de acidez del aceite. La presencia de acidez en el aceite indica que ha habido una quemadura total o parcial y/o que hay humedad en el sistema que puede causarla. Para efectuar una verificación del aceite es necesario extraer una mezcla de aceite del compresor sin dejar escapar refrigerante. El procedimiento para esto puede variar según la disposición de las válvulas de cierre y si hay acceso al aceite en la unidad (muchos de los compresores herméticos no tienen ni válvulas de cierre ni tomas de acceso).

5. RECUPERACIÓN DE REFRIGERANTES EN TANQUES

Verter el refrigerante en los cilindros de servicio es un procedimiento arriesgado. Esto hay que hacerlo siempre utilizando el método descrito por el fabricante del refrigerante. Hay que tener mucho cuidado de:

- No llenar el cilindro en exceso. Emplee una balanza para evitar el sobrellenado del tanque. El tanque debe estar máximo a un 80% de su capacidad total en peso que pudiera ser envasada en todo el recipiente.

- No mezclar refrigerantes de diferente graduación ni poner refrigerante de un tipo en un cilindro cuya etiqueta está marcada para otro tipo.

- Utilizar únicamente cilindros limpios, exentos de toda contaminación de aceite, ácidos, humedad, etc.

- Verificar visualmente cada cilindro antes de usarlo y asegurarse de que se verifique regularmente la presión de todos los cilindros.

- Que el cilindro de recuperación tenga una indicación específica según el país a fin de no confundirlo con un recipiente de refrigeración virgen.

- Que los cilindros tengan válvulas separadas para líquido y gas y estén dotados de un dispositivo de alivio de la presión. En la gráfica se puede ver un cilindro típico de recuperación.

- Los cilindros deben ser sometidos a una prueba hidrostática de presión al menos una vez por cada 5 años de uso.

- Utilice adecuadamente los elementos de protección personal (EPP): guantes, anteojos de seguridad, calzado protector, casco, pantalones y camisa de manga larga. Recuerde que un refrigerante líquido puede producir quemaduras por frío y puede contener contaminantes capaces de generar serias lesiones en las partes de contacto. Los gases del refrigerante pueden ser nocivos si se inhalan, evite la absorción directa y disponga siempre de ventilación.

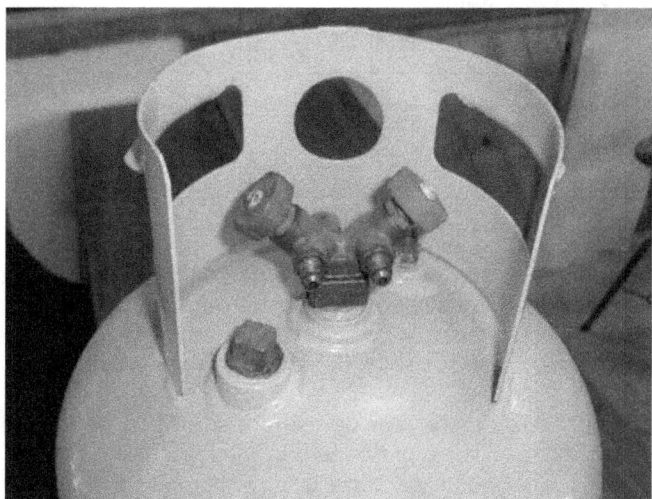

Fig 3. Foto de un tanque de reciclaje con válvula de vapor (azul) y válvula de liquido (roja).

5.1. PURGA DE GASES NO CONDENSABLES DE UN TANQUE DE RECUPERACION.

Realice el siguiente procedimiento:

- Coloque el tanque en quietud total durante un período de 24 horas. Esto permite que el aire se coloque en la parte superior del mismo.

- Conecte un manómetro al tanque por la válvula de gas para leer la presión del mismo.

- Mida la temperatura del ambiente en ese momento.

- Tenga en la mano la carta de Presión – Temperatura del gas que contiene el tanque. Para la temperatura ambiente, determine cual es la presión a que corresponde el mismo.

- Si la presión del manómetro es superior a la de la carta, muy despacio, abra la válvula de vapor del tanque y mire como disminuye la presión en el mismo. Cuando la presión del manómetro este por encima 5 Psi a la que indica la carta, cierre la válvula de vapor del tanque.

- Deje el tanque quieto por 10 minutos e inspeccione la presión de nuevo.

OBS: Si al hacer el procedimiento de purga de las mangueras por proceso de vació, no es necesario realizar el anterior procedimiento. Tenga en cuenta las características de su manómetro y de su recuperadora para verificar si puede emplear el proceso de vacío en ambos sin averiar sus medidores de presión.

6. RECIPIENTES DE REFRIGERANTE DESECHABLES Y RECIPIENTES REUTILIZABLES

Los refrigerantes vienen envasados tanto en recipientes desechables como en recipientes reutilizables que se denominan comúnmente "cilindros". Se consideran recipientes a presión y en muchos países por lo tanto, están sujetos a legislaciones que reglamentan su transporte y su uso. El uso de cilindros desechables presenta inconvenientes en la práctica, por lo general esos recipientes se descartan después de su uso y el refrigerante residual puede liberarse al ambiente. No se recomienda su empleo y en el Informe del Comité de opciones técnicas sobre refrigeración, aire acondicionado y bombas de calor de 1994 se formula una propuesta de prohibir su uso.

Los fabricantes de refrigerantes han establecido voluntariamente un sistema de código de colores para identificar sus productos con que se pintan o marcan los cilindros desechables y los reutilizables. Los colores y marcas siguientes son usados para los refrigerantes comunes:

TABLA 1. Colores de los cilindros de refrigerantes.

REFRIGERANTE	COLOR	REFRIGERANTE	COLOR
R - 11	NARANJA	R - 13	CELESTE
R - 12	BLANCO	R - 503	AZUL TURQUESA
R - 22	VERDE CLARO	R - 114	AZUL OSCURO
R – 502	LILA	R - 113	VIOLETA
R - 500	AMARILLO	R - 717	PLATEADO

El matíz de los colores puede variar de un fabricante a otro por lo tanto, se debe verificar el contenido teniendo en cuenta otros elementos que no sean los colores. Cada cilindro de refrigerante tiene impresa por estarcido de seda la información relativa al producto, a los aspectos de seguridad y advertencias. También se pueden obtener del fabricante boletines técnicos y hojas de datos sobre las cuestiones de seguridad de los materiales.

Aún cuando los cilindros están diseñados y fabricados de manera que soporten la presión de saturación del R-502 (el refrigerante base), no se recomienda volver a pintar ningún cilindro con un color diferente para usarlo con otro tipo de refrigerante. La presión del vapor saturado varía de un refrigerante a otro a determinadas temperaturas ambientes. Dentro del recipiente cerrado debe haber refrigerante líquido para poder leer una relación de presión-temperatura que indica la presión de saturación. A medida que aumenta la temperatura del cilindro la presión de saturación dentro del cilindro aumenta, correspondiendo a la temperatura del refrigerante.

En cada cilindro que se fabrica se instala una válvula de seguridad de alivio de la presión con un reglaje para presiones de desahogo preestablecidas para la presión de vapor más elevada prevista del R-502. Es del tipo frangible, de ruptura de disco, o de resorte de alivio incorporado al vástago de la válvula. Ni uno ni otro es ajustable ni puede ser objeto de ningún tipo de manipulación.

7. TECNOLOGÍAS DE RECUPERACIÓN

Dado que una unidad de recuperación permitirá extraer de un sistema más refrigerante a base de fluorocarbono que cualquier otro método que se pueda emplear, su utilización debe considerarse la norma y no la excepción. Los contratistas, técnicos y propietarios de los equipos deben asegurarse con tiempo de que podrán disponer del equipo de recuperación necesario. Su disponibilidad, refinamiento, variedad y demanda están en aumento y esto da lugar a que se utilicen más ampliamente.

Al igual que con las bombas de vacío, las unidades de recuperación funcionarán de modo más eficiente si la longitud de las mangueras de conexión es la más corta posible y su diámetro el más ancho posible. Un diámetro de 3/8" para la manguera debería ser la medida mínima pero, preferiblemente debe ser de ½". De cualquier manera, no debe utilizarse como excusa no emplear una unidad de recuperación simplemente porque no se la puede colocar próxima al sistema. Si hay que utilizar mangueras más largas, todo lo que sucederá es que la operación de recuperación tomará más tiempo. Ya no hay ninguna razón aceptable ni excusa para dejar que los refrigerantes a base de fluorocarbono se escapen en el ambiente. En la fotografía se muestra una unidad de recuperación.

7.1. USO DE UNIDADES DE RECUPERACIÓN

Las unidades de recuperación se conectan al sistema mediante válvulas de servicio disponibles o válvulas grifo o punzonadoras de línea. Algunas de éstas pueden utilizarse para los refrigerantes tanto en su estado líquido como gaseoso y tienen incorporados recipientes de depósito. Se debe tener cuidado de no dejar que el compresor absorba refrigerante líquido sino vapor, pues de lo contrario se romperá debido al bloqueo hidráulico.

Toda unidad de reciclaje posee los siguientes elementos:

- Interruptor de encendido.
- Toma macho de descarga para manguera con regulador.
- Toma de succión macho para manguera con regulador.
- Selector de recuperación o autolimpieza de refrigerante.
- Manómetros de succión y descarga.
- Protectores de corriente.

- Filtros.

Fig 4. Foto de una recicladora

7.2. TRANSFERENCIA DE LÍQUIDO

Si la unidad de recuperación no cuenta con una bomba aspiradora de líquidos incorporada o no está diseñada para utilizar líquidos, el líquido tendrá que extraerse del sistema utilizando dos cilindros de recuperación y una unidad de recuperación. Los cilindros de recuperación deben disponer de dos tomas y dos válvulas, una toma y una válvula para líquidos y otra toma y otra válvula para gas. Esto se puede obtener fácilmente de los fabricantes de fluorocarbonados o de las empresas especializadas. Se conecta una toma para líquidos del cilindro directamente al sistema de refrigeración en un punto en que pueda extraerse el refrigerante líquido. Se conecta la toma para gas del mismo cilindro a la toma de la entrada de la unidad de recuperación. Se debe utilizar la unidad de recuperación para extraer el gas del cilindro reduciendo con ello la presión del cilindro, lo cual permitirá que el líquido fluya del sistema de refrigeración al cilindro. Tener cuidado porque esto puede suceder muy rápidamente.

El segundo cilindro se emplea para recoger el refrigerante de la unidad de recuperación a medida que lo extrae del primer cilindro. Si la unidad de recuperación tiene incorporado una adecuada capacidad de depósito, esto puede no ser necesario. Una vez que se ha recuperado todo el refrigerante líquido del sistema de refrigeración, las conexiones pueden colocarse de nuevo y el refrigerante restante puede recuperarse en modo de recuperación gaseosa. Puede considerarse conveniente colocar una mirilla de líquido dentro de la línea de transferencia.

7.3. RECUPERACIÓN DEL LÍQUIDO POR COMPRESIÓN Y ASPIRACIÓN (MÉTODO "PUSH/PULL")

Hay otro método para recuperar el líquido más común que el descrito previamente que se denomina método "Push/Pull". Si se puede disponer de un cilindro de recuperación, el procedimiento será satisfactorio si se conecta al cilindro de recuperación a la válvula de gas de la unidad de recuperación y la válvula de líquidos del cilindro de recuperación al lado correspondiente al líquido en la unidad desactivada, como se indica en la gráfica siguiente. La unidad de recuperación aspirará (movimiento "Pull") el refrigerante líquido de la unidad desactivada cuando haga disminuir la presión del cilindro de recuperación. El gas aspirado del cilindro de recuperación por la unidad de recuperación será entonces empujado (movimiento "Push") de vuelta, o sea, comprimido hacia el lado correspondiente al gas en la unidad desactivada.

NOTA: Este procedimiento debe ser complementado por una recuperación gaseosa.

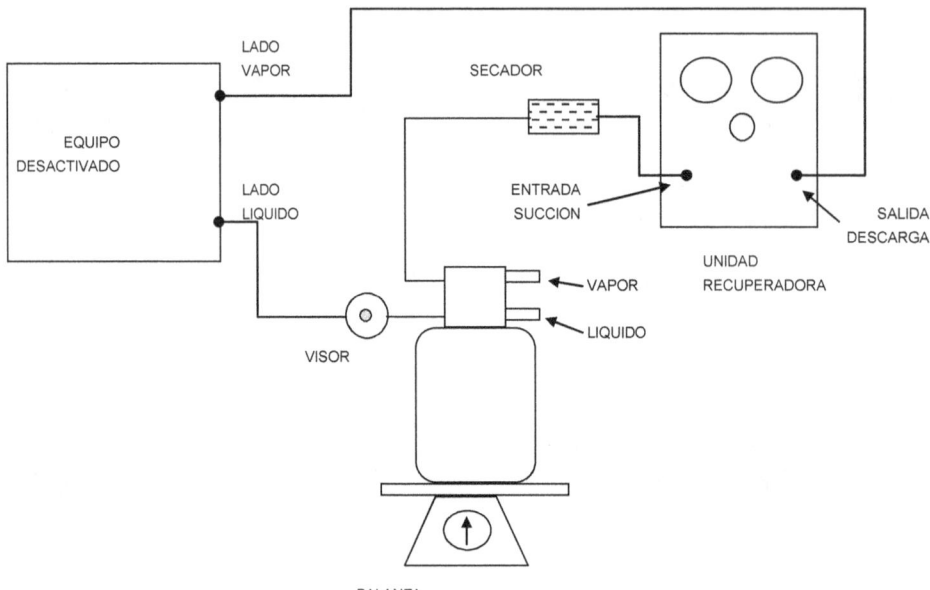

Fig 5. Diagrama de conexión general para operación Push – Pull.

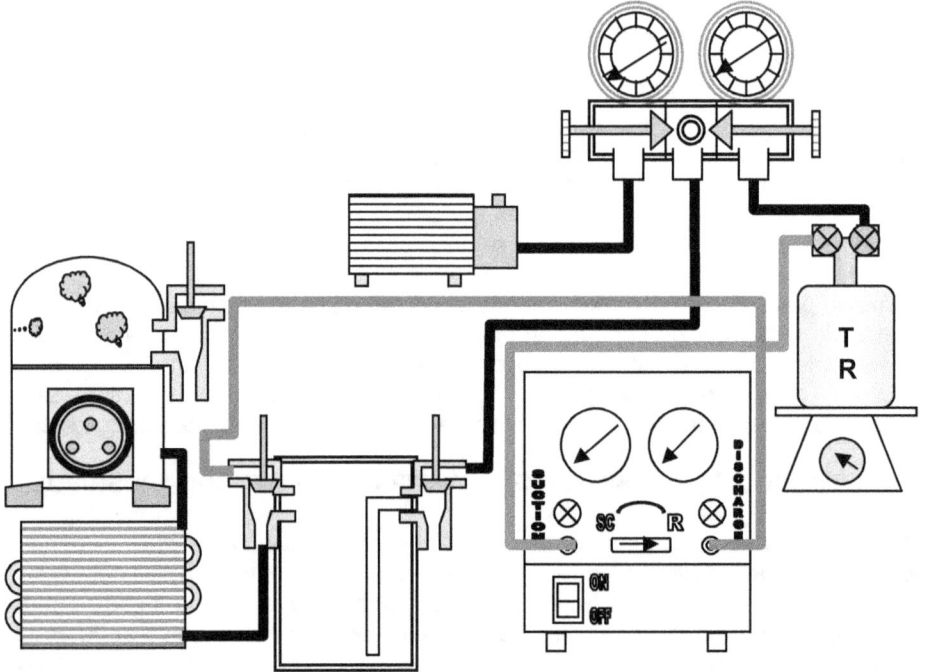

Fig 6. Esquema de conexión para operación de push-pull con vacío y rotalocks.

NOTA: No conectar la línea de líquido a la unidad de transferencia pues se podría dañar el compresor.

7.3.1. PROCEDIMENTO PUSH-PULL

- Verifique que la unidad o sistema este apagado.
- Verifique que el tanque de reciclaje es el apropiado para el refrigerante del sistema.
- Verifique que el sistema posea en tanque o recibidor de líquido con sus válvulas rotalock.
- Verifique que se ha recuperado el refrigerante en estado liquido en el recibidor de liquido.
- Verifique que las solenoides a la entrada y salida del recibidor de líquido estén cerradas.

- Ubique el tanque recuperador sobre una balanza para verificar el peso de refrigerante que entra en el mismo.
- Conecte una manguera a la válvula de vapor del tanque reciclador y el otro extremo de la misma al la válvula de succión de la unidad de reciclaje.
- Conecte una manguera a la toma de servicio de la válvula rotalock ubicada a la entrada del recibidor de líquido, y el otro extremo de la misma al la válvula de descarga de la unidad de reciclaje.
- Conecte otra manguera en la válvula de líquido del tanque reciclador y el otro extremo a la toma de alta del juego de manómetros.
- De la toma de servicio del juego de manómetros se conecta otra manguera que va a la toma de servicio de la rotalock ubicada a la salida del recibidor de liquido.

7.3.1.1. PROCEDIMIENTO DE VACIO DE LAS MANGUERAS Y TANQUE.

- Verifique que la maquina recuperadora este en la opción "RECOVERY".
- Abra las válvulas del juego de manómetros.
- Abra los reguladores de las válvulas de succión y descarga de la recicladora.
- Abra las válvulas de vapor y líquido del tanque.
- Encienda la bomba de vacío por un periodo aproximado de 5 minutos y verifique que la presión de vacío sea menor de las 28 in de hg.
- Para finalizar, cierre la válvula de baja del juego de manómetros.
- Apague la bomba de vacío.
- Desconecte la bomba de vacío.
- Cierre los reguladores de las válvulas de succión y descarga de la recicladora.

7.3.1.2. PROCEDIMIENTO RECUPERACION DE REFRIGERANTE LIQUIDO.

- Verifique que la solenoide a la entrada, salida y puente del recibidor de liquido estén cerradas.
- Enrosque completamente el vástago de la rotalock a la salida del recibidor de líquido.
- Enrosque completamente el vástago de la rotalock a la entrada del recibidor de líquido.
- Abra el regulador de la válvula de descarga " DISCHARGE "de la recicladora.
- Rote la válvula de selección de operación de la recicladora a la opción de " SELF - CLEARING" o " AUTOLIMPIEZA" .
- Encienda la recicladora.
- Una vez encendida la recicladora, abra el regulador de la válvula de succión " SUCTION " de la misma.
- Debe haber una mirilla en la que se pueda observar el flujo de refrigerante desde el sistema hasta el tanque.
- Una vez que ya no observe el flujo de refrigerante líquido, cierre el regulador de la válvula de succión de la recicladora.
- Cuando el manómetro de succión marque vacío apague la recicladora.
- Cierre todas las válvulas del tanque, las del juego de manómetros y los reguladores de succión y descarga de la recicladora.
- Desenrosque completamente los vástagos de las rotalock.
- Proceda a desconectar los elementos que intervinieron en la operación.
- Proceda al procedimiento de recuperación por gas.

7.4. TRANSFERENCIA O RECUPERACION DE VAPOR

La carga de refrigerante también se puede recuperar en forma de gas como se puede ver en la gráfica siguiente. En los grandes sistemas de refrigeración esto exigirá más tiempo que cuando se transfiere líquido.

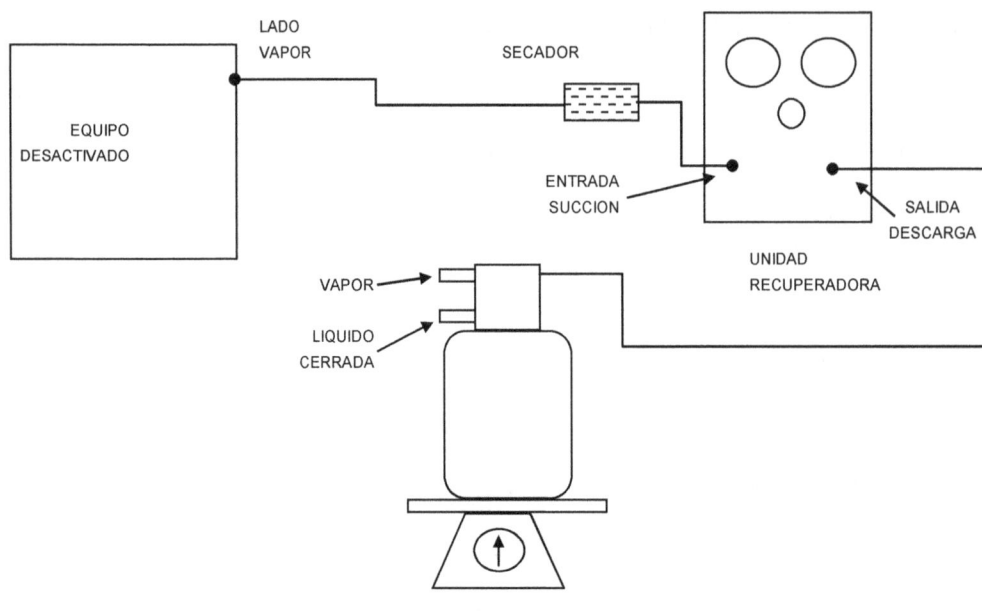

Fig 7. Diagrama de conexión para operación de reciclaje con gas.

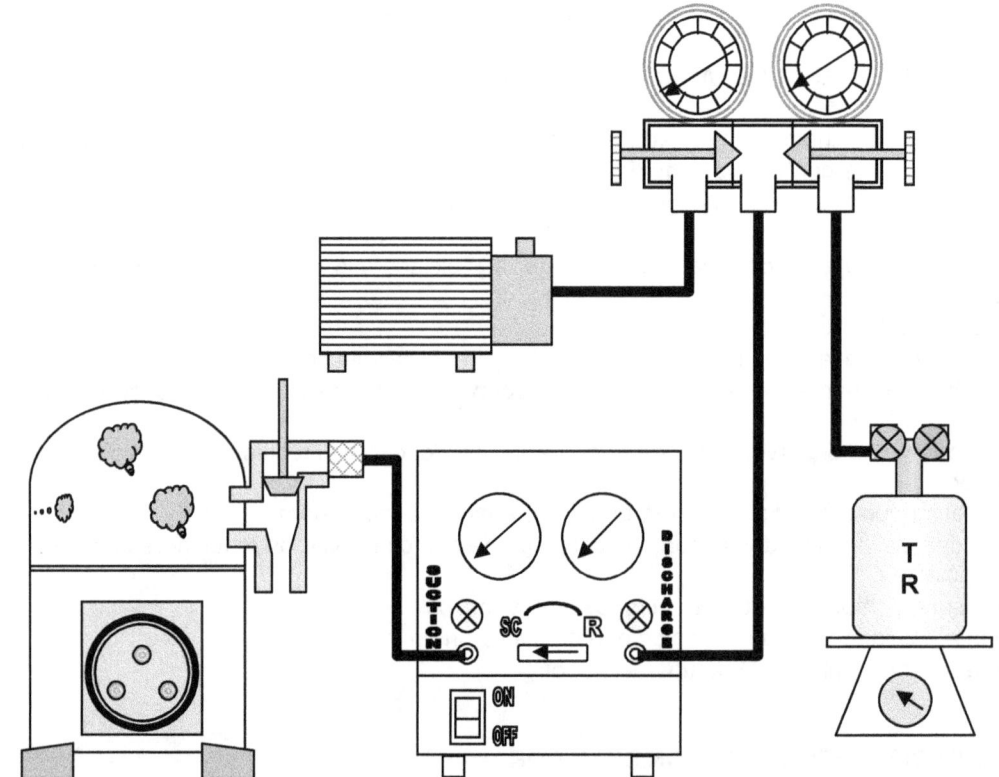

Fig 8. Esquema de conexión para recuperación gaseosa con vacío y rotalocks.

Las mangueras de conexión entre las unidades de recuperación, los sistemas y los cilindros de recuperación deben ser de la longitud mínima posible así como del diámetro máximo posible.

7.4.1. PROCEDIMIENTO PARA RECUPERACION Y/O RECICLAJE POR VAPOR

- Verifique que la unidad o sistema este apagado.
- Verifique que el tanque de reciclaje es el apropiado para el refrigerante del sistema.

- Ubique el tanque recuperador sobre una balanza para verificar el peso de refrigerante que entra en el mismo.
- Conecte una manguera a la válvula de servicio de la rotalock ubicada en la tubería de succión del sistema, y el otro extremo de la misma al la válvula de succión de la unidad de reciclaje.
- Conecte otra manguera en la toma de descarga de la unidad de reciclaje y el otro extremo en la toma de servicio del juego de manómetros.
- Conecta otra manguera de la toma de alta del juego de manómetros a la válvula de vapor del tanque.
- Conecte la bomba de vacío a la toma de baja del juego de manómetros.

7.4.1.1. PROCEDIMIENTO DE VACIO DE MANGUERAS.

- Verifique que la opción de la recicladora este en " RECOVERY ".
- Abra las válvulas de alta y baja del juego de manómetros.
- Abra los reguladores de succión y descarga de la recicladora.
- Encienda la bomba de vacío por un periodo aproximado de 5 minutos y verifique que la presión de vacío sea menor de las 28 in de hg.
- Para finalizar, cierre la válvula de baja del juego de manómetros.
- Apague la bomba de vacío.
- Cierre los reguladores de las válvulas de succión y descarga de la recicladora.

7.4.1.2. PROCEDIMEINTO DE RECUPERACION DE GAS REFRIGERANTE.

- Abra la válvula de vapor del tanque reciclador.
- Enrosque dos vueltas el vástago de la rotalock en la línea de succión del sistema.
- Abra el regulador de la válvula de descarga " DISCHARGE " de la recicladora.
- Rote la válvula de selección de operación de la recicladora a la opción de " RECUPERACIÓN" o " RECOVERY" .
- Encienda la recicladora.
- Una vez encendida la recicladora, abra el regulador de la válvula de succión de la misma, para que el refrigerante comience a fluir del sistema al tanque.
- Vigile el manómetro de succión de la recicladora hasta que la aguja comience a llegar por debajo de los niveles de vacío; en ese momento, cierre el regulador de la válvula de succión del mismo.
- Rote la válvula de selección de operación de la recicladora a la opción de "SELF - CLEARING" o "AUTOLIMPIEZA".
- Verifique nuevamente el manómetro de succión.
- Una vez que el manómetro muestre presiones de vacío, apague la unidad.
- Cierre el regulador de la descarga de la recicladora.
- Cierre las válvulas del juego de manómetros.
- Cierre la válvula de vapor del tanque.
- Desenrosque completamente el vástago de la rotalock.
- El proceso se ha completado.
- Desconecte los elementos del procedimiento.

7.5. USO DEL COMPRESOR DEL SISTEMA EN PROCEDIMIENTOS DE RECUPERACIÓN DE REFRIGERANTE EN FORMA DE VAPOR.

Si hay que retirar el refrigerante de un sistema y el sistema está dotado de un compresor que funciona, se puede utilizar el compresor para recuperar el refrigerante. Una vez más, la disposición de las válvulas en el sistema afectará al modo exacto de proceder.

Se puede bombear el sistema del modo normal y verter de ese modo el refrigerante en un cilindro de recuperación enfriado, o tal vez poder utilizar sólo el cilindro de recuperación enfriado como condensador y recipiente instalándolo en la salida del compresor. El procedimiento a seguir es el siguiente.

- Haga el montaje que aparece en la figura a continuación.

14

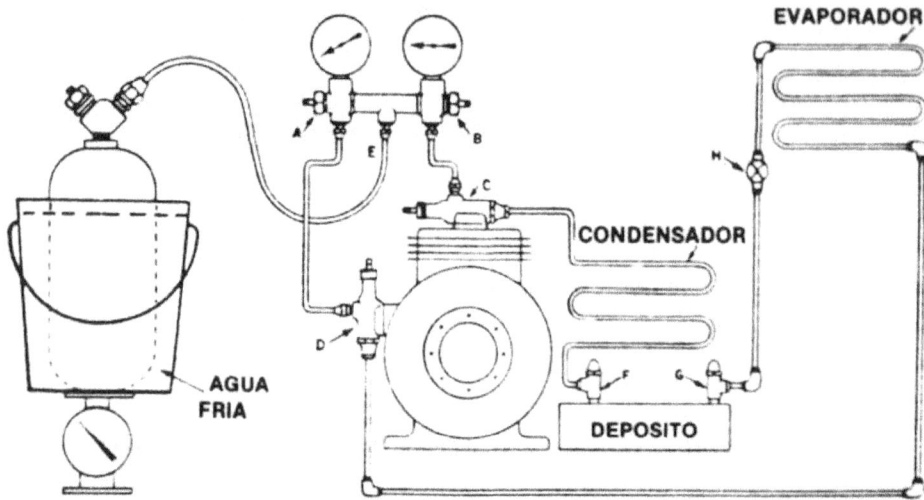

- Verificar que las válvulas del juego de manómetros estén completamente cerradas.
- Conecte el cilindro refrigerante vacío en el extremo de la manguera de servicio del juego de manómetros.
- Llene la mitad de una cubeta con agua fría y hielo.
- Conecte la manguera del manómetro de alta (roja) a la válvula de servicio de salida del compresor.
- Conecte la manguera del manómetro de baja (azul) a la válvula de servicio de entrada o de succión del compresor.
- Verifique que el motocompresor esté encendido.
- Abra con una llave rache la válvula de servicio de alta del compresor dándole una vuelta completa en el sentido en que giran las manecillas del reloj, en este punto el manómetro de alta registra una medida de presión.
- Abra con una llave rache la válvula de servicio de baja del compresor dándole una vuelta completa en el sentido en que giran las manecillas del reloj, en este punto el manómetro de baja registra una medida de presión.
- Abra lentamente la válvula del manómetro de alta para que el refrigerante pase de la salida del compresor hacia el exterior a través de la manguera de servicio.
- Purgar el aire que esta en la manguera de servicio que esta conectada al tanque refrigerante.
- Abra la válvula del tanque refrigerante.
- Vigile en todo momento el manómetro de alta presión. Si la presión aumenta, enfríe al agua que rodea al tanque refrigerante.
- Vigile el manómetro de baja presión. Cuando el sistema llegue a vacío, cierra la válvula del tanque.
- Apague el compresor.
- Cierre las válvulas del juego de manómetro.
- Cierre las válvulas de carga y descarga del compresor.
- Desconecte el juego de manómetros.
- Desconecte al tanque.

7.6. RECUPERACION DE REFRIGERANTES EMPLEANDO EL TANQUE O ACUMULADOR DE LIQUIDO.

Otra técnica de reciclaje consiste en tener en el sistema un Recibidor de Líquido, el cual almacena el refrigerante en forma líquida mientras se hacen los respectivos mantenimientos, reparaciones o limpieza del sistema.

8. REUTILIZACIÓN DE UN REFRIGERANTE.

El refrigerante recuperado puede volver a utilizarse en el mismo sistema del que se extrajo o tratarlo para su uso en otro sistema según la razón de su extracción y su condición, es decir, según el nivel y tipo de contaminantes que pueda tener. Existen varios riesgos posibles en la recuperación de los refrigerantes, por lo cual su recuperación y reutilización debe vigilarse con cuidado. Los contaminantes posibles del refrigerante son los ácidos, la humedad, los residuos de la ebullición a alta temperatura y otras partículas. Aún los bajos niveles de contaminante pueden disminuir la vida útil de un sistema de refrigeración y se recomienda que el refrigerante recuperado se verifique antes de volver a utilizarlo.

El refrigerante proveniente de una unidad cuyo compresor se haya quemado, puede volver a usarse si se ha recuperado con una unidad de recuperación que tenga incorporados un separador de aceite y filtros. Para verificar el contenido en ácidos de todo aceite regenerado es necesario utilizar un pequeño equipo de verificación del aceite lubricante. De costumbre, se trata simplemente de llenar una botella de verificación con el aceite a examinar y mezclarlo con el líquido de verificación. Si el color que adquiere la mezcla es púrpura, el aceite no está contaminado, si el líquido se vuelve amarillento esto indica que el aceite es ácido y que el aceite/refrigerante no debe utilizarse en el sistema. El material en cuestión debe enviarse a que se someta a regeneración o se destruya.

NOTA: La utilización de refrigerante usado en un sistema nuevo puede invalidar las garantías del equipo.

9. TECNOLOGÍAS DE RECICLAJE

El reciclaje siempre ha sido parte de las prácticas de servicio en refrigeración. Los diversos métodos varían del bombeo del refrigerante hacia un recipiente, con mínima pérdida, hasta la limpieza del refrigerante quemado mediante filtros secadores. Hay dos tipos de equipos en el mercado: el primero se denomina de paso simple y el otro es de pasos múltiples.

9.1. MÁQUINAS RECICLADORAS DE PASO SIMPLE.

Las máquinas recicladoras de paso simple procesan el refrigerante a través de filtros secadores y/o mediante destilación. En muchos casos la destilación no conviene y la separación sería mejor. En este método se pasa de una vez del proceso de reciclaje a la máquina y de ésta al cilindro de depósito.

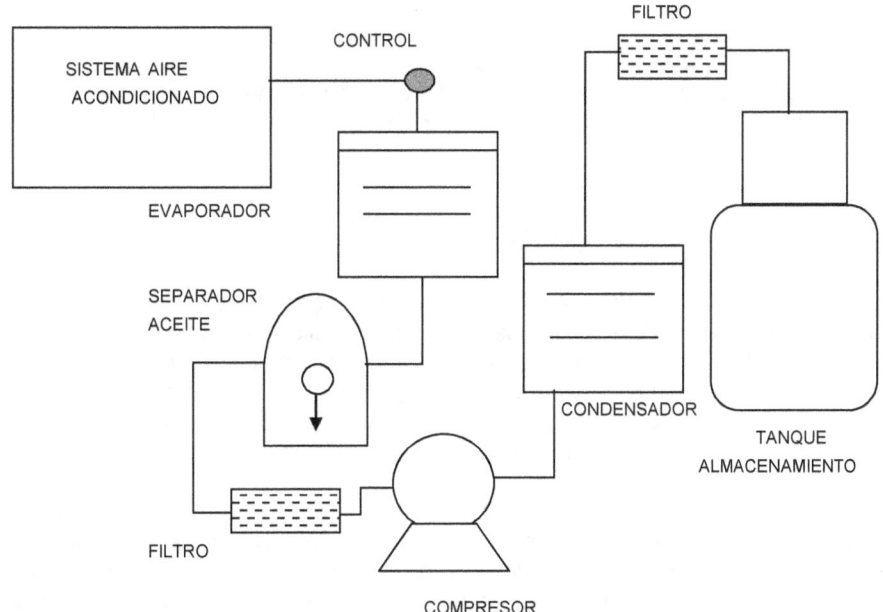

Fig 9. Maquina de paso simple.

9.2. MÁQUINAS DE PASOS MÚLTIPLES.

Las máquinas de pasos múltiples recirculan el refrigerante recuperado muchas veces a través de filtros secadores. Después de cierto lapso de tiempo o de cierto número de ciclos, el refrigerante se transfiere a un cilindro de almacenamiento. El tiempo no constituye una medida fiable para determinar en que grado el refrigerante ha sido bien reacondicionado, debido a que el contenido de humedad puede variar.

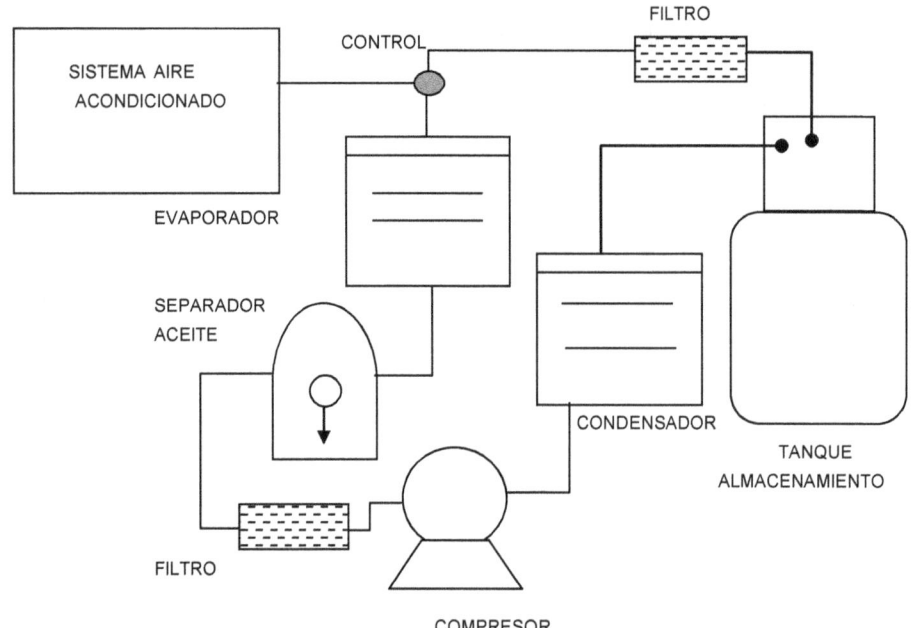

Fig 10. Maquina de paso múltiple.

La persona que esté utilizando el equipo de reciclaje debe tener en cuenta varios problemas en esta instancia: primero ¿habrá que reincorporar el refrigerante al mismo sistema? Si el sistema debe ser desmantelado por ejemplo, hay que considerar otros factores. Si el refrigerante es reincorporado, la próxima cuestión a considerar es la condición del refrigerante. Cuando se separa el aceite del refrigerante, la gran parte de los contaminantes están en el mismo. Las máquinas recicladoras de refrigerante utilizan en su mayoría filtros secadores para extraer toda humedad y acidez restantes así como las partículas. En general, se considera aceptable reincorporar este refrigerante al sistema.

El verdadero problema se plantea cuando hay quemadura en el compresor. Esto sucede cuando se produce una falla eléctrica dentro del compresor del sistema de refrigeración y puede deberse a una diversidad de factores. La contaminación del refrigerante en éste caso puede variar entre ligera y grave pero quien causa verdaderos problemas es el aceite.

10. TECNOLOGÍAS DE REGENERACIÓN

La regeneración consiste en tratar un refrigerante para llevarlo al grado de pureza correspondiente a las especificaciones del refrigerante virgen, todo ello verificado por un análisis químico. A fin de lograr esto, como la máquina que se utilice debe cumplir con la norma ARI 700-93. Todos los fabricantes de refrigerantes así como de equipo recomiendan que el nivel de pureza del refrigerante regenerado sea igual al del refrigerante virgen. El elemento clave de la regeneración es que se efectúe una serie completa de análisis y que el refrigerante sea sometido a reprocesamiento hasta poder satisfacer las especificaciones correspondientes al refrigerante virgen.

Hay muchos tipos diferentes de equipos que pueden lograr el nivel de pureza pero es importante recordar, y esto debe verificarse con los fabricantes del equipo, que el refrigerante regenerado satisfaga las especificaciones correspondientes al refrigerante virgen. Existen unidades comerciales para utilizar con el R-12, R-22, R-500 y R-502 que están diseñadas para el uso continuo exigido en un procedimiento de recuperación y reciclaje de larga duración.

10.1. UNIDAD DE REGENERACIÓN

Este tipo de sistema puede describirse como sigue:

- El refrigerante es admitido en el sistema ya sea gaseoso o líquido.

- El refrigerante entra en una gran cámara única de separación donde la velocidad se reduce radicalmente, esto permite que el gas a alta temperatura se eleve. Durante esta fase, los contaminantes (astillas de cobre, carbón, aceite, ácido y otros) caen al fondo del separador para que se extraigan durante la operación de "salida" del aceite.

- El gas destilado pasa al condensador enfriado por aire y cambia a líquido.

- El líquido pasa a la(s) cámara(s) de depósito incorporada(s), donde se le baja la temperatura en aproximadamente unos 56°C (100°F) a una temperatura de subenfriamiento de 3°C a 4°C (38°F a 40°F).

- Un filtro secador reemplazable en el circuito elimina la humedad mientras continúa el proceso de limpieza para eliminar los contaminantes microscópicos.

- Si se enfría el refrigerante, la transferencia puede facilitarse cuando se efectúa a cilindros externos que se encuentran a la temperatura ambiente.

10.2. MANIPULACIÓN SEGURA DEL REFRIGERANTE RECUPERADO.

Familiarizarse con el equipo de recuperación, leer el manual del fabricante y aplicar todos los métodos prescritos e instrucciones cada vez que se utilice el equipo. Las recomendaciones pertinentes son:

- Los refrigerantes líquidos pueden producir quemaduras por el frío. Evitar la posibilidad de contacto utilizando guantes adecuados y vestimenta o camisas de manga larga.

- El refrigerante que se está recuperando puede provenir de un sistema muy contaminado. El ácido es uno de los productos de descomposición; puede haber tanto ácido clorhídrico como fluorhídrico (el ácido fluorhídrico es el único que puede atacar el vidrio). Debe tenerse sumo cuidado de que el aceite que se derrame de los vapores del refrigerante no entre en contacto con la piel ni la superficie de la ropa al efectuar el servicio del equipo contaminado.

- Usar siempre ropa e implementos de protección como anteojos de seguridad, calzado protector, guantes, casco protector, pantalones largos y camisas de manga larga.

- Los gases del refrigerante pueden ser nocivos si se inhalan. Evitar la absorción directa y disponer siempre de ventilación a nivel bajo.

- Asegúrese de que toda la alimentación eléctrica esté desconectada y que el equipo en el que se procederá a la recuperación no tenga nada en funcionamiento. Desconectar y dejar cerrada la alimentación con un dispositivo de cierre aprobado.

- No exceder nunca el nivel seguro de peso del líquido del cilindro que se basa en el peso neto. La capacidad máxima de todo cilindro en el 80% del peso bruto máximo.

- Cuando se mueva un cilindro, utilizar un equipo apropiado dotado de ruedas. Asegúrese de que el cilindro esté firmemente ajustado con correas cuando el equipo es un pequeño carro de mano. NUNCA hacer rodar el cilindro sobre su base o acostado de un lugar a otro.

- Utilizar mangueras de calidad superior. Asegúrese de que estén unidas correcta y firmemente. Inspeccionar todas las uniones de mangueras fuertemente.

- Las mangueras y los alargues eléctricos presentan el riesgo de que se pueda tropezar con ellos. Prevenir un accidente de este tipo colocando barreras y carteles apropiados. Ubicar las mangueras donde el riesgo sea mínimo.

- Colocar etiquetas en el cilindro o recipiente/contenedor de conformidad con lo que especifica la reglamentación.

- Si se trata de un trabajo de regeneración, ponerse en contacto con la planta de regeneración de preferencia para hacer los arreglos necesarios para el transporte.

- Asegúrese que todos los cilindros están en condición segura, tapados como corresponde y con la debida identificación.

10.3. RECUPERACIÓN A PARTIR DE UN REFRIGERADOR DOMÉSTICO.

Es posible recuperar refrigerante de un sistema herméticamente cerrado que no está dotado de válvulas de servicio. Para esto, hay que instalar una válvula punzonadora en el sistema, siguiendo las instrucciones del fabricante, y utilizar una unidad de recuperación para extraer el refrigerante de la unidad mediante un injerto de toma de línea al igual que con un sistema mayor. Las válvulas punzonadoras nunca deben dejarse instaladas de modo permanente sino que hay que retirarlas después de su uso si están instaladas en el tubo de proceso. En la siguiente gráfica, la unidad de recuperación está conectada al refrigerador mediante una válvula punzonadora típica. Debido a que la carga de refrigerante es pequeña, sólo hace falta recuperar gas. Se recomienda instalar válvulas punzonadoras en ambos lados de presión.

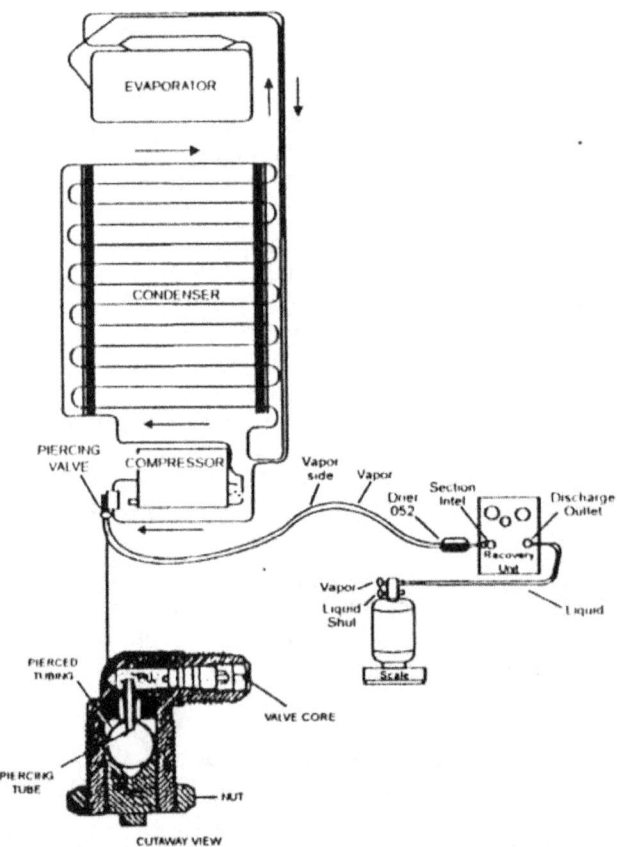

Fig 11. Recuperación en sistema de refrigeración doméstica.

10.4. RECUPERACIÓN A PARTIR DE UN SISTEMA DE AIRE ACONDICIONADO

10.4.1. TRANSFERENCIA DEL LÍQUIDO

En la gráfica siguiente se puede ver una unidad condensadora típica para instalaciones de aire acondicionado. Estos tipos de instalaciones están dotados comúnmente de válvulas interruptoras de servicio instaladas en las líneas de tuberías. Al recuperar refrigerante de un sistema de este tipo, primero debe transferirse el líquido debido a que su cantidad puede ser
importante.

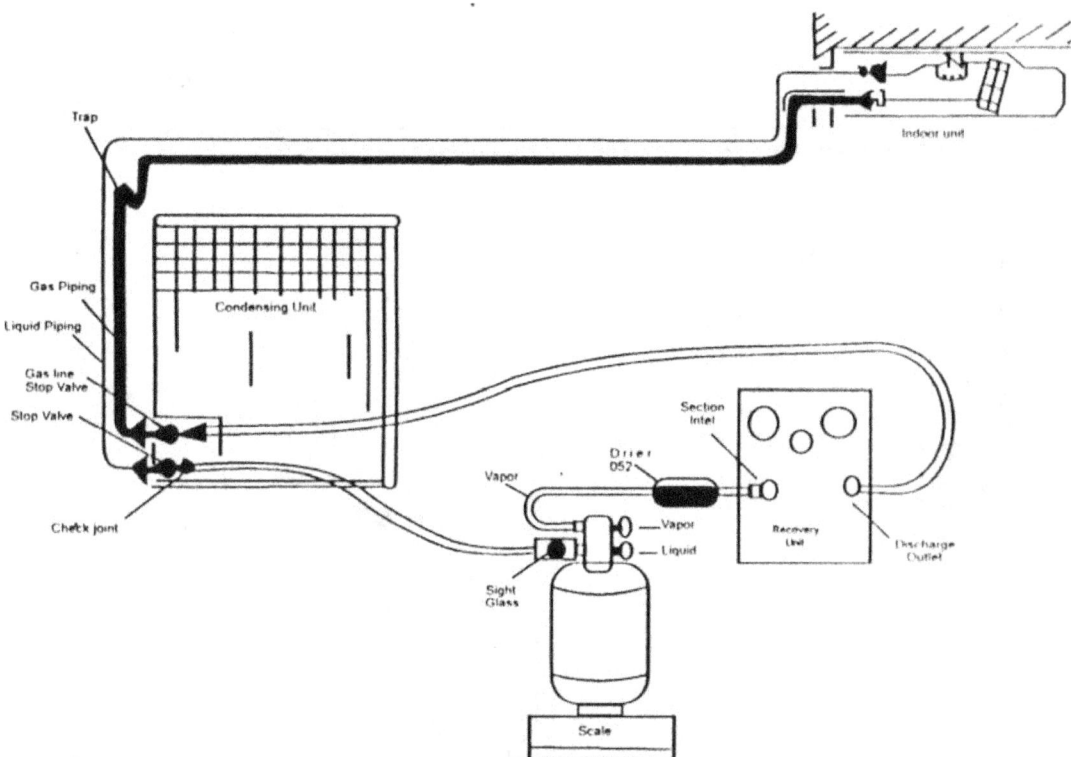

Fig 12. Transferencia de líquido en acondicionamiento de aire

En esta gráfica se puede observar el método "push/pull" (aspiración compresión). El tubo de líquido del sistema se conecta al lado destinado a los líquidos en el cilindro de recuperación. El lado destinado al vapor en el cilindro se conectará a la toma de entrada (de aspiración) de la unidad de recuperación. La salida de descarga en la unidad de recuperación se conecta al tubo de aspiración en el sistema de aire acondicionado. Si existen válvulas disponibles en el recipiente del sistema (lado de alta presión) el lado de salida de la unidad de recuperación podría conectarse a estas. El líquido fluye ahora del lado del líquido en el sistema de aire acondicionado y va al cilindro. La unidad de recuperación mantendrá la presión dentro del cilindro más baja que en el sistema de aire acondicionado y sostendrá el flujo del líquido.

10.4.2. TRANSFERENCIA DEL GAS

Cuando la transferencia de líquido ha terminado, quedará todavía un poco de gas refrigerante en el sistema. Para transferir todo el refrigerante al cilindro de recuperación, se conecta la manguera de aspiración de la unidad de recuperación a la tubería de gas del sistema de aire acondicionado y la manguera de la salida de descarga de la unidad de recuperación al cilindro de recuperación por el lado de la toma de gas. Se hace funcionar la unidad de recuperación hasta que el manómetro de aspiración indique 0.6 bares o menos, en ese momento la recuperación se habrá completado.

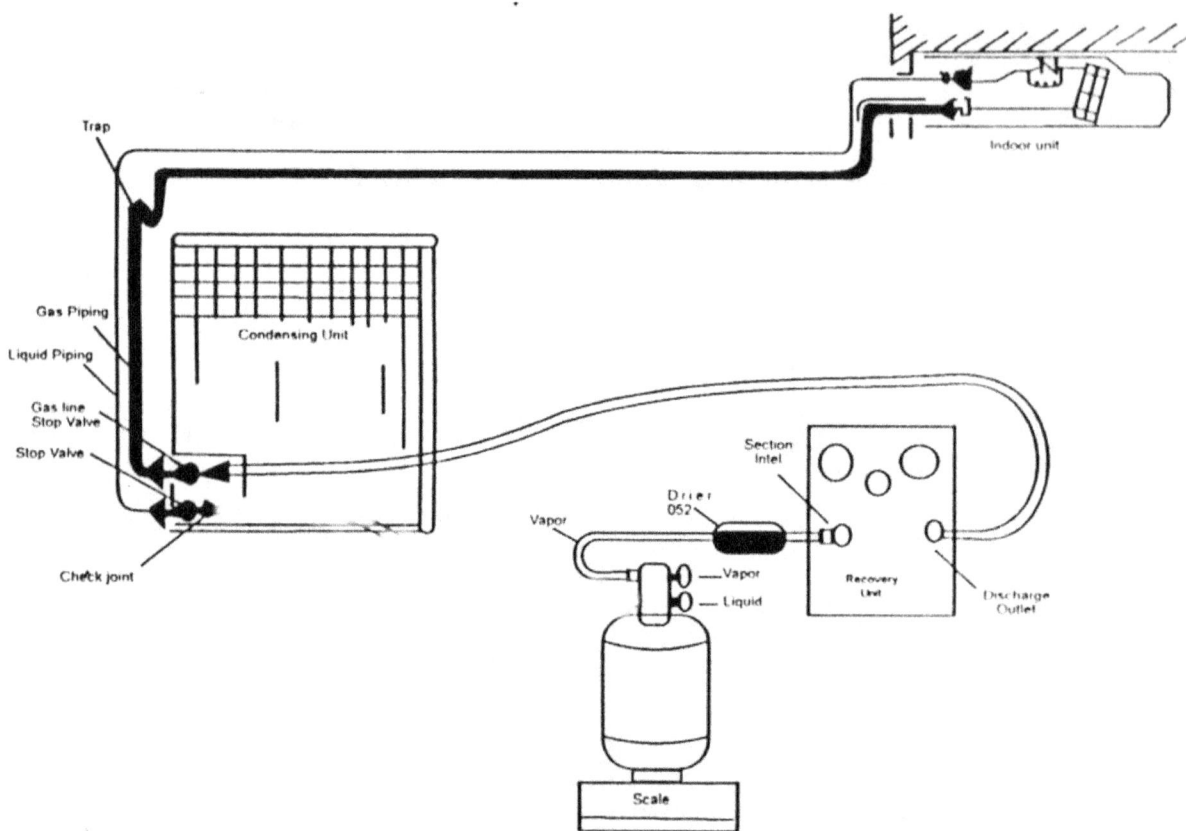

Fig 13. Transferencia de gas en acondicionamiento de aire

10.5. RECUPERACIÓN A PARTIR DE UN SISTEMA COMERCIAL DE CÁMARA FRÍA

10.5.1. TRANSFERENCIA DE LÍQUIDO

Se conecta la manguera de líquido del cilindro de recuperación a la válvula interruptora de la salida del sistema recipiente/ condensador; para controlar el flujo del líquido, se instala una mirilla en la manguera que va al cilindro. Desde el lado de aspiración y entrada de la unidad de recuperación se conecta la manguera al lado correspondiente de vapor en el cilindro de recuperación (utilizar un secador). El lado de salida de descarga en la unidad de recuperación se conecta con el lado de alta presión del sistema en la válvula interruptora de la entrada del condensador o del compresor. Todas las válvulas interruptoras del sistema deben estar abiertas, incluidas las válvulas solenoides. Se hace funcionar la unidad de recuperación con atención a la mirilla, cuando no quede más líquido para transferir a través de la mirilla es signo de que no queda más refrigerante líquido en el sistema.

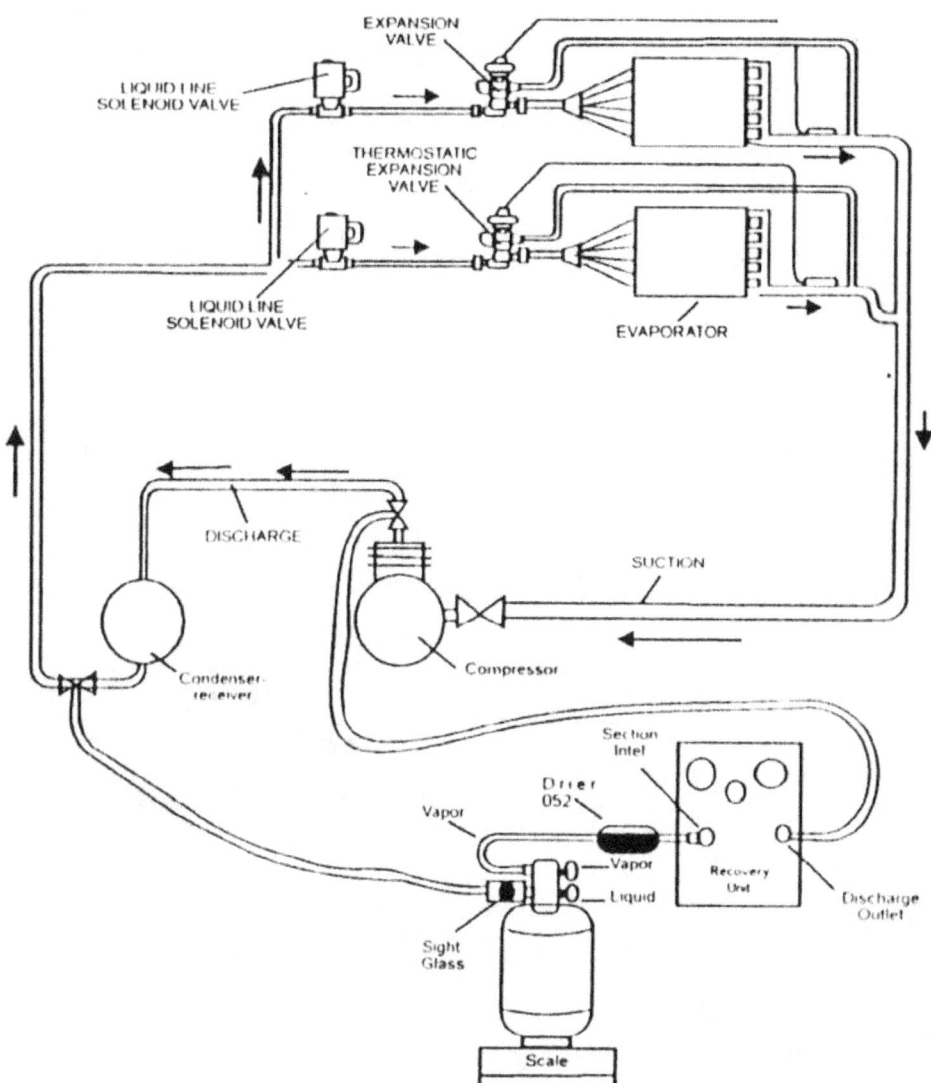

Fig 14. Transferencia de líquido en cámara fria

10.5.2. TRANSFERENCIA DE GAS

Cuando se ha terminado de transferir el líquido, se conectan las mangueras del lado de succión/entrada de la unidad de recuperación al lado de baja o alta presión del compresor, el mejor modo de recuperación se logra conectando las mangueras (con el múltiple de servicio) a ambos lados de presión. El lado de descarga/salida de recuperación se conecta al cilindro de recuperación (lado de gas). Se debe asegurar que todas las válvulas interruptoras o de servicio estén abiertas para evitar el "bloqueo" del refrigerante. En la siguiente gráfica se puede ver cómo se hacen las conexiones para una recuperación de gas.

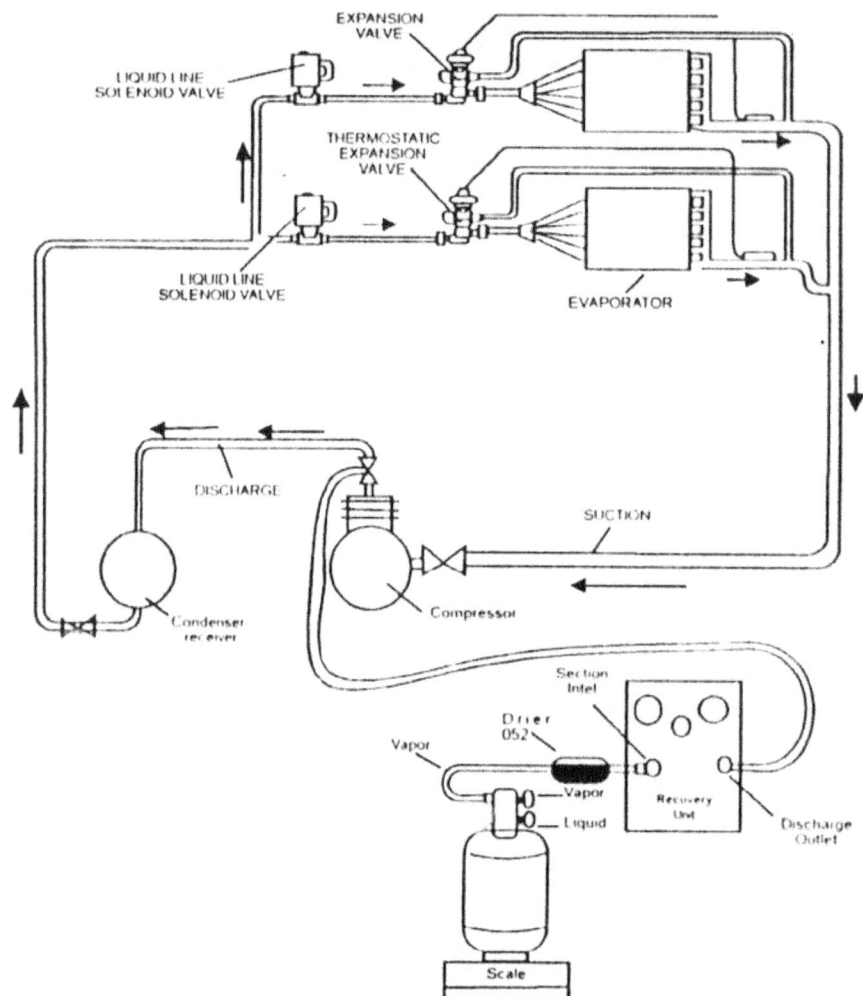

Fig 15. Transferencia de gas en cámara fria.

11. TECNOLOGÍAS ALTERNATIVAS Y RECONVERSIÓN

11.1. REFRIGERANTES ALLTERNATIVOS

Poco a poco van apareciendo en el mercado nuevos refrigerantes de reemplazo y si bien los primeros eran mezclas de HCFC-22 y por lo tanto tenían una esperanza de vida limitada, hay nuevas mezclas de refrigerantes que no son perjudiciales para la capa de ozono y que están pasando las últimas etapas de verificación de toxicidad. De todos modos actualmente se dispone de varias mezclas que se basan únicamente en los HFC como el R-404 y el R-410.

Se consideran tres categorías en que se pueden dividir los fluidos sustitutos:

- DE USO INMEDIATO: son fluidos que se pueden utilizar en un sistema existente sin ningún trabajo especial aparte de operaciones menores de servicio como el cambio del filtro secador.

- FLUIDOS PARA EQUIPO RECONVERTIDO: son fluidos que pueden reemplazarse en un sistema existente pero únicamente después de hacer ciertos cambios como la sustitución de un nuevo tipo de aceite lubricante o la modificación de la velocidad del compresor.

- FLUIDOS NO UTILIZABLES: fluidos que no pueden usarse en el equipo existente, incluso con modificaciones importantes debido a las diferencias de presiones de funcionamiento, a la compatibilidad de los materiales y a otros problemas potenciales.

Las posibilidades de que se disponga de un producto de uso inmediato con exactamente las mismas propiedades que el refrigerante que reemplaza son bastante remotas y por consiguiente es probable que haya que hacerle algunas modificaciones al sistema. Las áreas que hay que considerar son:

- Filtro Secador.

- Válvula de expansión.

- Compatibilidad y Miscibilidad del lubricante.

- Desplazamiento volumétrico del compresor y potencia de entrada.

Por lo tanto los fluidos para equipos reconvertidos constituyen una opción más probable.

TABLA 2. Algunos sustitutos para refrigerantes de uso actual.

APLICACION	REFRIGERANTE USADO	REFRIGERANTE SUSTITUTO
REFRIGERACION Y AIRE ACONDICIONADO	R – 12	R – 134 A R – 22
ESPUMAS, SOLVENTES, AEROSOLES	R -11	R – 123 R – 141 b
REFRIGERACION	R – 502	R – 22 R – 404 a R – 507 a
CHILLERS	R -11 R – 12	R – 123 R – 134ª
AIRE ACONDICIONADO AUTOMOTOR	R – 12	R – 134 a

12. RECONVERSIÓN O RETROFIT

Muchos de los sistemas de aire acondicionado y refrigeración que funcionan con CFC pueden ser reconvertidos para poder utilizar refrigerantes a base de HFC que no son perjudiciales para la capa de ozono. Esta reconversión exigirá extraer el aceite mineral de los sistemas y sustituirlo con lubricantes sintéticos a base de ésteres. Para poder llevar a cabo dicha tarea, el contratista del servicio tiene que saber bien el rendimiento del producto reconvertido y qué elementos tener en cuenta. Al considerar un refrigerante para equipo reconvertido corresponde tener en cuenta diversos factores:

- Costo del refrigerante alternativo.

- Disponibilidad del mismo en el mercado, actualmente y en el futuro.

- La esperanza de vida útil del equipo existente.

- Los antecedentes del equipo en materia de pérdidas de refrigerante.

Se recomienda que los propietarios de los equipos que tengan un interés considerable en los refrigerantes a base de CFC establezcan un plan de gestión dentro de su organización. Esto se justifica por el hecho de que los refrigerantes a base de CFC constituyen un recurso limitado y su valor aumentará constantemente. Los requisitos normativos y de mantenimiento de registros hacen aun más importante la necesidad de un enfoque muy específico de la gestión del refrigerante. Después de haber tomado todas las decisiones relativas a un refrigerante alternativo, la aplicación de un programa de refrigerantes para equipo reconvertido se efectúa mejor si se utiliza un procedimiento metódico y bien organizado. Cada sistema tiene condiciones de funcionamiento especiales. Es importante recordar que todos los procedimientos actuales de servicio de los sistemas de refrigeración siguen aplicándose con los refrigerantes alternativos.

El ciclo básico de refrigeración sigue válido y los cambios que acompañan a los refrigerantes alternativos entrañan procedimientos de servicio adicionales que deben observarse. Las listas adjuntas de verificación relacionadas con los productos reconvertidos pueden utilizarse como guía durante la evaluación preliminar de un sistema existente. Recuérdese que una reconversión satisfactoria comienza con un análisis a fondo del sistema existente, esto se hace antes de cualquier procedimiento de reconversión. En general, un procedimiento de reconversión satisfactorio debería estar precedido de los siguientes pasos:

- Evaluar el equipo existente y examinar el sistema en cuanto a problemas posibles (puntos bajos, mala tubería, etc.).

- Determinar los antecedentes del equipo en materia de servicio y funcionamiento.

- Registrar cuidadosamente toda la información relativa a los componentes del sistema existente (compresor, válvulas, tubería, etc.).

- Establecer las condiciones de funcionamiento del sistema existente (presiones, temperaturas, amperajes, etc.) a fin de determinar el funcionamiento básico. Esta etapa es indispensable para determinar si el sistema existente está realmente produciendo o no el efecto deseado en cuanto a refrigeración.

- Proceder al establecimiento de referencias múltiples de todos los componentes existentes en relación con el refrigerante de alternativa previsto. Muchos componentes probablemente sean aceptables, no obstante, es posible que se necesite cambiar algún componente del sistema.

- La compatibilidad de los materiales los determina mejor el fabricante original del equipo. Asegurarse de consultar las recomendaciones del mismo en materia de una posible reconversión, esto es especialmente importante para los sistemas antiguos.

- Una vez hechas las selecciones de equipo y completada toda la información preliminar, debe llevarse a cabo un examen a fondo de pérdidas del sistema. Hay que recordar que el origen del problema de los CFC se debe en gran parte al exceso de fugas del refrigerante a la atmósfera. Asimismo, las características en materia de fugas de algunos productos sustitutivos hacen obligatoria la necesidad de utilizar sistemas "muy herméticos".

- Después de haber llevado a cabo todo el trabajo preliminar, el procedimiento de reconversión puede continuar con una estrecha atención a los detalles.

Cabe hacer hincapié en que las reconversiones pueden llevarse a cabo de modo económico con un mínimo de inconvenientes siempre y cuando se haga de manera metódica, con cuidado de los detalles. Las decisiones de reconvertir durante paros de emergencia del equipo o fallas del mismo son probablemente mal encaminadas. Un plan completo de aplicación de la reconversión proporcionará la máxima seguridad para que una transición a partir de los refrigerantes a base de CFC tenga éxito.

12.1. PASOS PARA HACER UN RETROFIT

1. Se toman los datos básicos de operación del sistema operando con el refrigerante antiguo. Datos tales como presiones, temperatura, caudales de refrigerante, etc.

2. Remover el refrigerante antiguo del sistema por cualquiera de los métodos de remoción de refrigerante.

3. Drenar el aceite mineral del sistema. Es aceptable hasta máximo un 1% de residuo de aceite mineral en el sistema.

4. Adicione al sistema el nuevo aceite lubricante. Trate que el nuevo aceite tenga similar viscosidad e igual cantidad al aceite retirado.

5. Cargue el sistema con el refrigerante antiguo.

6. Opere el sistema con el aceite nuevo y el refrigerante antiguo por un período de 24 a 48 horas.

7. Repetir estos pasos por lo menos otras dos veces.

8. Retirar el antiguo refrigerante y adicionar el nuevo. No olvide cambiar en este paso el filtro secador y la válvula de expansión acorde al nuevo refrigerante.

El diagrama de flujo del proceso es:

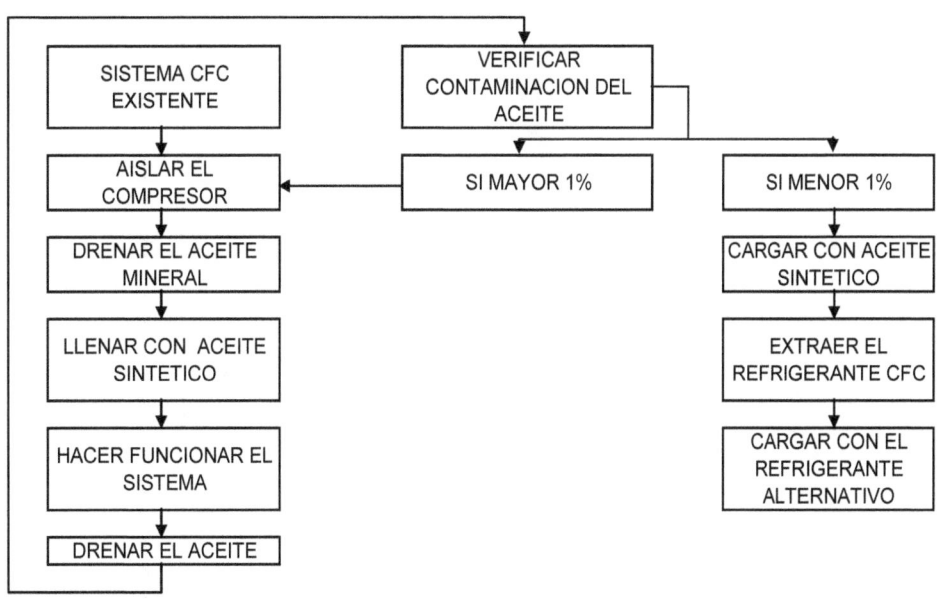

13. BENEFICIOS DE LA RECUPERACION Y RECICLAJE DE LOS REFIRGERANTES

Entre otros, los beneficios propios de la implementación de estas prácticas son:

- Incluir esta práctica como cultura de responsabilidad con el ambiente.
- Reducir y evitar la liberación de refrigerantes a la atmósfera.
- Disminuir los gastos en el mantenimiento de los equipos.
- Reducir el consumo de refrigerantes vírgenes.
- Disponer de refrigerante para los casos de baja oferta en el mercado, permitiendo el funcionamiento de los equipos que lo requieran.
- Mejorar la calidad en la prestación de servicios en el sector.

www.ingramcontent.com/pod-product-compliance
Lightning Source LLC
Chambersburg PA
CBHW080631180526
45168CB00007B/3119